SI.M.P.L.A.

SImulatore **M**atematico per la **P**revenzione nei **L**avori in **A**ltezza

Algoritmo di calcolo per la Valutazione del Rischio per i lavori in quota su ponteggio, piattaforma e fune

*Misura ciò che è misurabile,
e rendi misurabile ciò che non lo è.*

(Galileo Galilei)

*A Leonardo e Lavinia.
Se c'è una cosa certamente non misurabile,
è l'amore che ho per voi.*

Danilo G.M. De Filippo, ingegnere meccanico, da sempre impegnato nella materia della sicurezza sui luoghi di lavoro, è stato anche insignito dell'Onorificenza di Cavaliere al Merito della Repubblica Italiana. Ispettore Tecnico del Lavoro, appartenente all'Albo dei formatori per l'Ispettorato Nazionale del Lavoro, è anche docente esterno ed autore di numerosi testi e pubblicazioni in materia di sicurezza sul lavoro, oltre ad essere parte attiva nell'organizzazione di eventi per la più ampia diffusione della cultura per la prevenzione degli incidenti sul lavoro e delle malattie professionali.

Pubblicato in Prima edizione nel mese di Marzo 2024

Danilo GM De Filippo

SOMMARIO

Questo aforisma riferito a Galileo Galilei è l'essenza della presente, piccola pubblicazione che si propone proprio lo scopo di rendere *stimabile*, in termini numerici, il rischio prevenzionistico di una delle attività più frequenti ma anche maggiormente dibattuta, del settore dell'ingegneria civile e delle costruzioni: il **lavoro in quota**.

Al contrario di molti altri, questo rischio, pur facente parte di una specifica 'disamina' all'interno del Testo Unico per la Sicurezza, viene valutato quasi sempre in maniera "qualitativa" affidandosi ad impostazioni di tipo 'frequentistiche' o 'baynesiane', senza specifici valori di soglia che ne permettano di determinare l'accettabilità o meno.

Eppure, le *cadute dall'alto* e le altre conseguenze legate ai lavori in quota, rappresentano, nell'insieme, le più frequenti cause di infortunio mortale sul lavoro.

Il modello suggerito in questo scritto, pur lasciando ampio "spazio di manovra" al valutatore, cerca di proporre delle linee di indirizzo utili ad orientare la scelta circa l'utilizzo del migliore (e più sicuro) sistema di accesso e posizionamento in quota, tra il **ponteggio**, la **piattaforma elevabile** e il **sistema (in trattenuta o in sospensione) mediante funi**, in funzione delle differenti condizioni di lavoro che, di volta in volta, si presentano all'operatore.

Premessa – Le criticità del metodo "classico" di valutazione del rischio

Senza alcun dubbio, l'utilizzo della formula "classica" **R=PxD** (*Rischio = Probabilità x Danno potenziale*) e la realizzazione della *"matrice di rischio"* rappresentano dei validissimi sussidi ad una funzionale valutazione dei rischi correlati all'esecuzione di attività lavorative, specie per i datori di lavoro che, non possedendo specifiche competenze tecniche, si ritrovano a dover analizzare le fasi della propria attività produttiva sotto l'aspetto della prevenzione degli infortuni.

Il modello, infatti, è posto a garanzia di un'analisi preliminare delle attività lavorative e di una serie di "riflessioni" utili ad assegnare il giusto **peso** alle variabili *probabilità* e *danno*. Una volta realizzata la matrice, l'impatto 'visivo' dato dalla colorazione a cui è associato la "gravità" del rischio analizzato permette di percepire rapidamente quali siano le necessità di intervento o quali attività rientrino nei parametri dell'accettabilità.

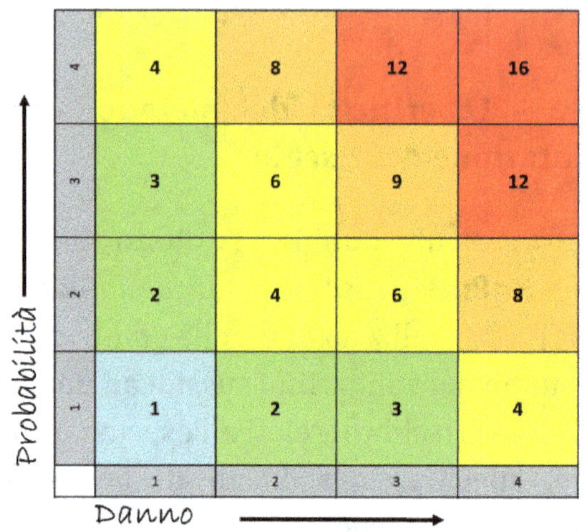

Purtroppo, però, l'esperienza dimostra che questo metodo presenta parecchie criticità che possono comportare *pericolose* (è il caso di dirlo!) *sottovalutazioni* del rischio (talvolta anche 'intenzionali' e dunque "dolose") o generare false *illusioni* di tutela nel corso dell'esecuzione di talune attività dove, invece, il pericolo potrebbe occultarsi proprio dietro ad un errato approccio valutativo.

Procediamo, prima di tutto, con l'esame della variabile "probabilità". Abbiamo già accennato al fatto che, nella maggior parte dei casi, vengono utilizzate due differenti tipi di scale: la scala "frequentistica", basato sull'analisi di dati statistici di riferimento per *quel* tipo di attività, *quel* macchinario, *quella* sostanza e *quel* genere di incidente sul lavoro (o malattia professionale), e la scala "baynesiana", basata sul grado di "fiducia" degli addetti, che esprimono un loro soggettivo giudizio sulla possibilità che si verifichi o meno una determinata situazione o circostanza.

Come è facile intuire, la scala frequentistica si affida eccessivamente al *campione*[1] statistico il quale, se non è integralmente rappresentativo di una *popolazione* di dati sufficientemente ampia, può generare sovrastime o sottostime che, nell'ambito della prevenzione infortuni, possono "trasformarsi" in incidenti.

La scala baynesiana, invece, si affida, altrettanto eccessivamente, al giudizio degli addetti ai lavori i quali, come è facile immaginare, possono sotto o sovra-stimare il rischio sulla base di conoscenze (troppo) soggettive o per effetto della connotazione emozionale che tende – istintivamente – ad escludere (o, comunque a "marginalizzare") il verificarsi di un qualsiasi incidente sul lavoro.

---

[1] Il "campione" statistico è un gruppo di unità elementari che formano un sottoinsieme della *popolazione* (l'insieme di tutti i dati). Il campione è costituito in modo da consentire, con un rischio definito ed accettabile di errore, la generalizzazione all'intera popolazione. Per cui, tramite il campione si possono stimare, entro determinati limiti di errore, le proprietà dell'intera popolazione.

Un'altra criticità è legata al fatto che la matrice, pur stimando il **rischio**, non riesce a far emergere chiaramente la reale ponderazione del **pericolo** (cfr. Appendice).

Per capirci meglio, immaginiamo di valutare il rischio "inciampo e caduta" per una qualunque attività che si svolge su un terreno piano ma molto accidentato in ogni suo punto. Seguendo il metodo PxD, possiamo dire che la probabilità di inciampare e cadere è *massima* e perciò gli affideremo valore "4". Alla stessa maniera, però, possiamo dire che, anche dovessimo cadere, il danno procurato sarebbe generalmente *minimo* (perché rapidamente reversibile) e dunque gli affideremo, senza grossi dubbi, il valore "1". Ne ricaveremo che il rischio valutato risulterebbe essere pari a R= P x D = 4 x 1= "4".

Proviamo adesso a cimentarci con la valutazione del rischio "incendio" per una sala conferenze, arredata con materiale ignifugo e attrezzata con sensori di fumo e impianto di spegnimento di tipo Sprinkler. Saremo immediatamente orientati a dire che la probabilità che si sviluppi un incendio è totalmente *residuale* (poiché dovrebbe dipendere da una concatenazione di eventi indipendenti) e dunque la valuteremo come pari a "1", anche se, dall'altra parte, sappiamo benissimo che il danno che può creare un incendio è certamente *estremo* e dunque gli affideremo valore "4". Dall'applicazione della 'nostra' formula ne consegue che il rischio valutato è pari, anche in questo caso, a R= P x D = 1 x 4= "4".

Il rischio stimato risulta dunque identico per entrambe le situazioni prospettate ma, ovviamente, non corrisponde alla *percezione* che si ha del "pericolo incendio" se paragonato al "pericolo inciampo".

Anche in termini di scala della variabile "danno" esistono delle criticità, correlate, in particolare, al fatto che, nella matrice, detta scala è 'individuale' e cioè riferita alle conseguenze lesive che può subire **un singolo lavoratore**. Appare pleonastico, invece, doversi soffermare a spiegare il diverso *valore* del danno legato a più vittime di un incidente, per esempio all'interno di un ambiente confinato o per il crollo di un ponteggio.

L'*individualità* che caratterizza il modello di valutazione è riscontrabile anche dal fatto che, solo in talune circostanze e solo ad opera di "valutatori" particolarmente sensibili, riescono ad emergere profili di incremento (o decremento) di uno specifico rischio dovuti all'*interazione* (*interferenza*, nell'accezione negativa) tra più operatori, perché contemporaneamente impegnati nella stessa attività o perché posizionati in zone adiacenti.

In ogni caso, la criticità principale al sistema PxD è quella di non riuscire a tener conto di tutta una serie di ulteriori variabili "occulte", in particolar modo di tutte quelle che possono influire, più o meno direttamente, sul concetto di probabilità o di danno, alcune delle quali vengono, invece, volutamente tralasciate (perché non indicate nel "metodo") o sottostimate (per limiti di *sensibilità* alla materia).

Il problema del lavoro in quota

Dall'esame dei dati statistici, sappiamo che le cadute dall'alto rappresentano uno tra i principali motivi di infortunio sul lavoro, con conseguenze spesso fatali.

Proprio per questa ragione, il legislatore ha assunto e mantenuto un atteggiamento di carattere *draconiano* sulle modalità di svolgimento di tutte le attività in quota.

Senza voler scendere (per ora) nel dettaglio normativo, l'approccio del legislatore è riassumibile nei seguenti, stringati concetti: *il lavoro in quota va svolto mediante l'utilizzo di apprestamenti che consentano all'operatore di avere la piena capacità di movimento in condizioni di sicurezza.*

Ovviamente, tra gli apprestamenti quello che viene preferito è il **ponteggio**, tant'è che anche il legislatore lo promuove, da "attrezzatura", al *rango* di "Dispositivo di Protezione Collettiva", soddisfacendo in un sol colpo ogni aspettativa della formula PxD: fermo restando il Danno (che, cadendo dall'alto, è il medesimo in qualsiasi condizione), cerco di minimizzare la Probabilità, mediante due elementi pragmatici: i piedi che poggiano e si spostano su una superficie piana e le protezioni laterali sugli affacci.

Premettendo che questo approccio, rimasto pressoché identico a quello del DPR n.164 del 1956(!), è evidentemente anacronistico e non allineato rispetto alla filosofia di "valutazione del rischio" avviata a partire dagli anni '90, preme anche puntualizzare alcune evidenti criticità rispetto all'*esclusività* sull'utilizzo dei ponteggi:

1. Il ponteggio rappresenta un *presidio di sicurezza* per gli operatori che ne fanno uso solo se viene **allestito nel pieno rispetto della norma** e nella tassativa osservanza del libretto del costruttore, sia in termini di schemi di configurazione, sia in termini di appoggi e ancoraggi ed ancora in funzione dei carichi e delle sollecitazioni a cui viene sottoposto;

2. Il ponteggio rappresenta un efficace Dispositivo di Protezione Collettiva solo quando questo risulta essere definitivamente e **compiutamente allestito** (come da precedente punto 1) ma, invece, prevede fasi di montaggio (e poi smontaggio) che sottopongono gli operatori a rischi che, troppo spesso, vengono sottovalutati o, peggio, totalmente ignorati, anche in sede di Valutazioni specifiche;

3. Il ponteggio può creare una falsa **illusione di sicurezza**, principalmente dovuta al fatto di ritrovarsi, a qualsiasi quota, con i piedi poggiati su

un piano e di potersi muovere e spostare in maniera abbastanza "libera". Purtroppo, però, le cronache ci dicono che questa sicurezza è solamente apparente perché, ad esempio, il ponteggio potrebbe essere carente di un numero sufficiente di ancoraggi o gravante su appoggi che non ne assicurano la stabilità;

4. Il ponteggio è estremamente "suscettibile" al problema dei **rischi interferenziali** in quanto, nella quasi totalità dei casi, se, da un lato, viene allestito da personale specificatamente addestrato e formato, dall'altro, viene utilizzato (e talvolta *manomesso* o modificato) da operatori di altre imprese che non posseggono la medesima, piena consapevolezza delle eventuali conseguenze di tali modifiche.

Purtroppo, le criticità sopra sintetizzate rappresentano circa la metà (il 47%) delle cause di infortunio sul lavoro, con una "punta" di quasi il 30% dei casi legati proprio all'*inconsapevolezza* degli operatori che lavorano in quota su questo apprestamento, sulla 'qualità' del ponteggio o sull'opportunità di determinate manomissioni.

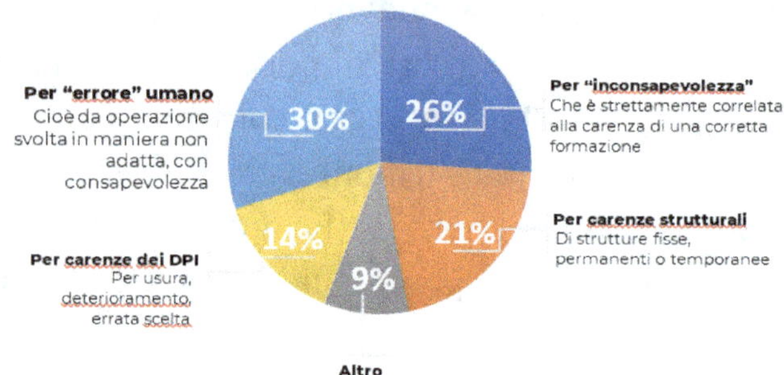

A conferma di quanto detto, le statistiche riportano anche che, nello specifico settore dell'ingegneria civile e delle costruzioni, quasi la metà degli infortuni occorre a lavoratori "non specializzati" nel lavoro in quota e cioè ad operatori che utilizzano l'apprestamento, precedentemente allestito da altri, semplicemente come una "attrezzatura" di accesso e lavoro, non avendone – probabilmente – piena cognizione sulle modalità di utilizzo in sicurezza.

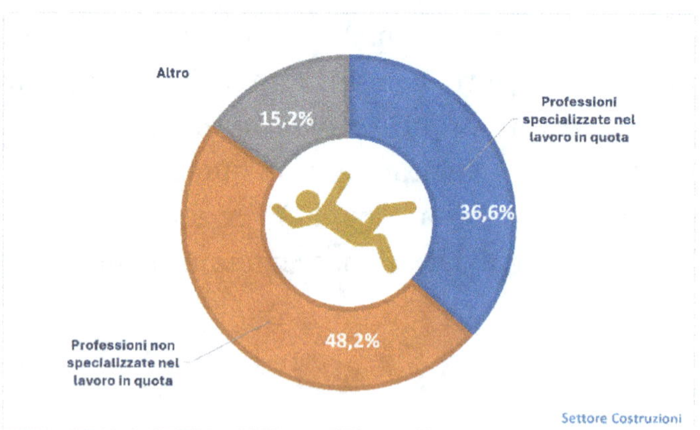

Questo è, purtroppo, un problema "storico" che, negli anni, si è andato accentuando, in ragione del fatto che si sono sempre più "specializzate" ditte che 'noleggiano in opera' gli apprestamenti, e questi vengono poi utilizzati da altre imprese, all'interno delle quali, però, non è presente personale che possiede la specifica formazione e che (p.e. per i ponteggi) non si attiene alle modalità "d'uso" del Pi.M.U.S. (che è, per l'appunto, un Piano di Montaggio, Uso e Smontaggio).

Alle problematiche di cui sopra va aggiunta un'ulteriore criticità legata proprio alle modalità di valutazione del rischio per lavori in quota.

In generale, la valutazione dei rischi si basa sul concetto di *ponderazione* che, a sua volta, è associato al concetto di *accettabilità* o meno di un rischio. Una delle grandi difficoltà, in tal senso, è che la norma di riferimento, il d.lgs. n.81/2008 (denominato Testo Unico sulla Salute e Sicurezza sul Lavoro o TUSL), prospetta sostanzialmente due differenti *modus operandi*: per alcuni rischi, ci si può confrontare con metodi "quantitativi" e/o verificando l'eventuale superamento di una determinata soglia di attenzione (come avviene, ad esempio, per il rischio rumore, vibrazioni, campi elettromagnetici e, più in generale, per diversi rischi per la "salute"), mentre, per altri, occorre operare con metodi di natura "qualitativa", in quanto, in questi casi, non viene definita per legge una soglia di accettabilità. Ciò avviene proprio per i rischi per la "sicurezza" (e per quasi tutti i rischi "trasversali"), tra i quali ritroviamo proprio il rischio legato alle lavorazioni in quota.

Da quanto sopra, deriva che il 'valutatore' del rischio per lavoro in quota effettua la sua valutazione sulla base di propri "giudizi" personali che, come già accennato in precedenza, possono essere influenzati da connotazioni emozionali o esperienziali (*"stare con i piedi appoggiati è certamente meglio di penzolare da una fune"*). Questi giudizi, poi, si 'stratificano' e rischiano di diventare causa di "sotto-stime" sui pericoli che possono occultarsi all'interno di un'attività lavorativa in quota.

La 'via' della norma

Rispetto a quanto sinora obiettato, la maggior parte degli addetti ai lavori propone sempre un'*agevole* riscontro, ribadendo che è la norma a stabilire la "supremazia" e tassatività del ponteggio rispetto agli altri sistemi di accesso in quota, quando all'**art. 111, comma** 1, recita:

Il datore di lavoro, nei casi in cui i lavori temporanei in quota non possono essere eseguiti in condizioni di sicurezza e in condizioni ergonomiche adeguate a partire da un luogo adatto allo scopo, sceglie le attrezzature di lavoro più idonee a garantire e mantenere condizioni di lavoro sicure, in conformità ai seguenti criteri:

a) priorità alle misure di protezione collettiva rispetto alle misure di protezione individuale;

b) ...

Senza alcun dubbio, la pedissequa applicazione del precetto normativo e, dunque, la conseguente scelta – sempre e comunque – di un ponteggio, per consentire l'accesso e le lavorazioni in quota, rappresenta la "via" più facile e apparentemente meno *rischiosa* ma, tuttavia, è una strada *superficiale* e, talvolta, assolutamente *sbagliata*.

Innanzitutto, occorre precisare che non bisogna farsi fuorviare dal termine "priorità" in quanto, indiscutibilmente, non è (e non può esserlo, specie nel linguaggio giuridico) sinonimo di "esclusività".

Sulla base di questa premessa, occorre, invece, andare "oltre la superficie" e concentrarsi sugli altri contenuti dei precetti normativi che regolamentano i lavori in quota (Titolo IV, Capo II del Testo Unico) dai quali, dopo attenta ed imparziale lettura, è possibile rilevare un importante 'elemento discriminante'.

Il citato comma 1 dell'art.111 ci precisa, anche, che "*Il datore di lavoro (...) sceglie le attrezzature di lavoro più idonee a garantire e mantenere condizioni di lavoro sicure*".

Il comma 5 dello stesso articolo ci ribadisce che "*Il datore di lavoro, in relazione al tipo di attrezzature di lavoro adottate in base ai commi precedenti, individua le misure atte a minimizzare i rischi per i lavoratori, insiti nelle attrezzature in questione (...)*".

Ed ancora, il comma 4 ci suggerisce che "*Il datore di lavoro dispone affinché siano impiegati sistemi di accesso e di posizionamento mediante funi alle quali il lavoratore è direttamente sostenuto, soltanto in circostanze in cui, a seguito della valutazione dei rischi, risulta che il lavoro può essere effettuato in condizioni di sicurezza (...)"*.

Appare, dunque, facile rintracciare il predetto elemento discriminante che è rappresentato dalla *"valutazione del rischio"* che il datore di lavoro deve effettuare proprio per minimizzare i rischi e mitigarne il più possibile le conseguenze.

Ciò, se vogliamo, è anche perfettamente coerente con la "filosofia" generale della prevenzione infortuni, dalle Direttive Comunitarie in avanti, così come è rilevabile dall'art. 28, comma 2 che, nel descrivere il DVR (Documento di Valutazione del Rischio), lo definisce come *"(..) una relazione sulla valutazione di tutti i rischi per la sicurezza e la salute durante l'attività lavorativa, nella quale siano specificati i **criteri adottati per la valutazione stessa**. (..)"* precisando che ***"la scelta dei criteri di redazione del documento è rimessa al datore di lavoro,*** *che vi provvede con criteri di semplicità, brevità e comprensibilità, in modo da garantirne la completezza e l'idoneità quale strumento operativo di pianificazione degli interventi aziendali e di prevenzione"*.

Ne consegue che, fermo restando il *concetto* di **priorità** già esaminato, la scelta di un'attrezzatura rispetto ad un'altra è totalmente "nelle mani" della valutazione del rischio.

Alla luce, però, di quanto visto nei paragrafi precedenti, il problema che si pone consiste nel capire come questa valutazione possa essere effettuata in maniera oggettiva ed avulsa da preconcetti o connotazioni interpretative.

La necessità di un metodo "quantitativo"

Quanto sinora esposto ci induce a pensare che un approccio di tipo meramente "qualitativo" al problema delle lavorazioni in quota non possa, in alcun modo, rappresentare una soluzione adeguata anche (e soprattutto) alla luce del fatto che il "lavoro in quota" (nella sua accezione più ampia) rappresenta la prima causa di infortunio *mortale* sui luoghi di lavoro.

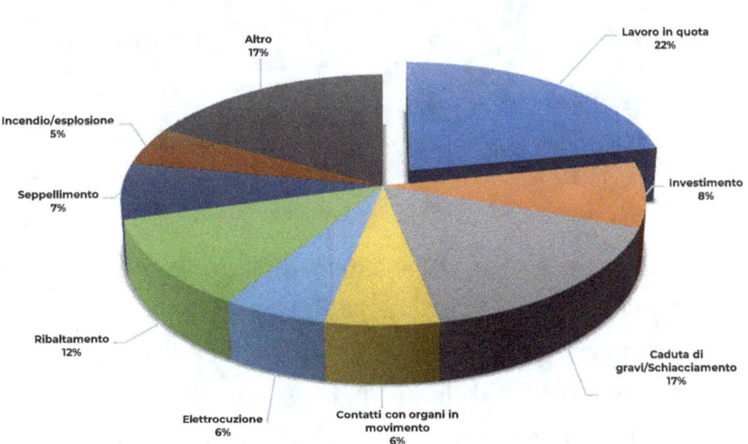

Il maggior numero di questi infortuni (quasi 1 su 4) avviene proprio nel settore delle costruzioni nel quale, infatti, i rischi da lavoro in quota dovrebbero essere considerati "rischi deliberati" e trattati con la massima attenzione possibile.

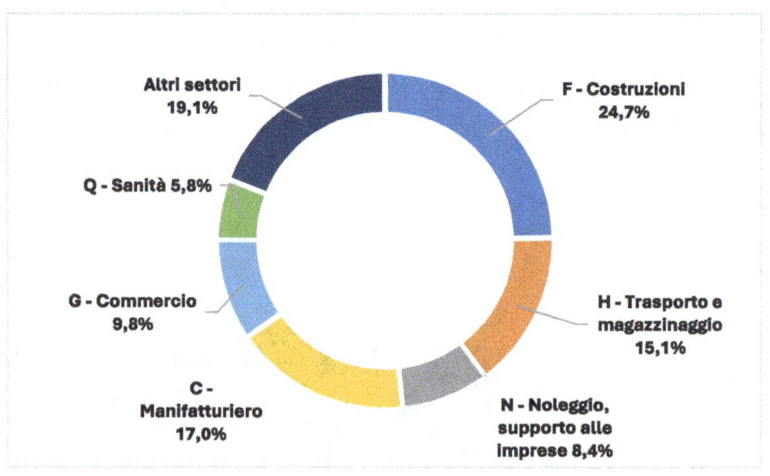

A giudizio di chi scrive, dunque, è più che mai necessario applicare ragionamenti di tipo "quantitativo" che possano rivelare "pregi e difetti" di ogni tecnica utilizzabile per l'accesso e il lavoro in quota e che tengano conto di ogni tipo di fattore di "esposizione" al rischio degli operatori, siano essi fattori *direttamente* legati all'attività, siano essi fattori indirettamente *correlati* o che, comunque, possano avere un effetto di variabilità sul "valore" di rischio a cui sono esposti i lavoratori.

Il "modello", che potrebbe conseguire da questi ragionamenti e dal quale appare possibile sviluppare un efficace *algoritmo*, dovrà dunque tenere necessariamente conto di quelli che, consultando i dati statistici sugli infortuni, sono i maggiori o più comuni *fattori* che portano all'insorgenza di un infortunio per lavoro in quota, fattori che divengono così *parametri matematici* di calcolo del valore del rischio.

I parametri dai quali non è possibile prescindere, a giudizio di chi scrive, sono i seguenti:

- *Tempo di "esposizione" dei lavoratori*. In cui vanno inclusi, sia quelli direttamente legati alla specifica lavorazione svolta in quota, sia quelli dovuti all'allestimento o smontaggio dell'apprestamento utilizzato, sia quelli di eventuale utilizzo dell'apprestamento stesso da altri soggetti;

- *Quantità di operatori "esposti"*. Come accennato, più sono i lavoratori in quota, maggiore è, evidentemente, il fattore di esposizione. Anche in questo caso, il "conteggio" dovrebbe tener conto sia delle varie fasi (allestimento – utilizzo – smontaggio), che dei differenti soggetti operanti (impresa che allestisce l'apprestamento e imprese che lo utilizzano);

- *Consapevolezza degli operatori.* Con riferimento al punto precedente, appare ovvio che il livello formativo di un operatore che allestisce un apprestamento sia generalmente diversa da quella di un lavoratore che semplicemente lo utilizza, con la conseguenza che quest'ultimo potrebbe non comprendere i rischi derivanti da un'eventuale modifica, manomissione o dall'errato utilizzo. Medesima obiezione può essere fatta per quanto concerne la figura del "preposto".

- *Morfologia del luogo di lavoro.* L'esperienza, nonostante l'apparente 'incentivazione' derivante dalla lettura della norma, ci dice che, spesso, la configurazione morfologica del fabbricato su cui si deve intervenire è piuttosto complessa e, per questo, il ponteggio non sempre rappresenta la più semplice soluzione adottabile, tant'è che si ricorre a schemi di montaggio differenti da quelli previsti dal costruttore con la conseguenza che diviene necessaria la redazione di un apposito progetto firmato da tecnico abilitato (art. 133, comma 2). Per ciascun sistema adottabile, dunque, occorrerebbe applicare un 'coefficiente' di difficoltà tale da farne emergere "costi e benefici" in termini di esposizione al rischio. Un ragionamento simile andrebbe fatto anche per la morfologia (e le caratteristiche di tenuta) del terreno circostante al fabbricato oggetto delle lavorazioni.

- *Condizioni di lavoro*. Il modello (coerentemente allo spirito della norma) dovrebbe tener conto anche delle condizioni in cui viene svolta l'attività, considerando le condizioni meteorologiche, quelle delle attrezzature utilizzate oltre che la 'qualità' dell'ergonomia nel corso delle lavorazioni. Da non trascurare, inoltre, sono le variazioni, in corso d'opera, delle condizioni stesse di lavoro, quali 'riposizionamenti', modifiche nel layout, sostituzione o spostamenti di punti d'ancoraggio, etc. È evidente che queste variazioni, specie se molto frequenti, aumentino la probabilità di commettere un errore o di incorrere in una dimenticanza che può, fatalmente, condurre all'incidente.

- *Rischi interferenziali.* Il rischio da interferenza, nella sua accezione più ampia (cfr. Appendice), è troppo spesso sottovalutato ed invece occorrerebbe tenerne conto mediante uno o più coefficienti in grado di "pesare" efficacemente l'influenza dovuta al 'contatto' tra soggetti produttivi o con soggetti, "estranei" alla produzione ma, inevitabilmente presenti in virtù della particolare ubicazione del luogo di intervento.

- *Rischi correlati.* Rappresenta un altro aspetto in genere scarsamente considerato. Quando si parla di lavoro in quota, infatti, si tende a considerare il solo rischio di 'caduta dall'alto' dall'apprestamento o dall'attrezzatura quando, invece, le statistiche ci dicono che molti infortuni specifici avvengono per molte altre ragioni correlate: cedimento strutturale, sfondamento, urto, inciampo, sospensione inerte, ribaltamento o investimento.

- *Altre condizioni.* Un buon modello matematico dovrebbe considerare (ovviamente con opportuna "pesatura") anche altri fattori che, comunque, possono avere una sensibile influenza sull'accadimento infortunistico. Questi parametri possono essere molto numerosi ma, certamente, sarebbe bene tenere in debito conto elementi come lo Stress Lavoro-Correlato, i Near-miss (da statistiche generali e da rilevazioni aziendali) e l'addestramento degli operatori a procedure d'emergenza che non siano solo di carattere "scolastico".

Cos'è un 'Algoritmo'

Il termine "algoritmo" deriva dall'appellativo *al-Khuwārizmī* (originario della Corasmia) che fu attribuito al matematico arabo, vissuto nel 9° secolo d.c., *Muḥammad ibn Mūsa*, e oggi serve a indicare un qualunque schema o procedimento sistematico di calcolo.

Lo spirito di un algoritmo è quello di esprimere, in termini matematicamente precisi, un concetto di procedura generale, di metodo sistematico valido per la soluzione (o la valutazione) di una certa *classe* di problemi.

Un algoritmo, per essere 'valido' e 'validante' deve possedere alcune **proprietà fondamentali**:

❖ *Effettività.* Un algoritmo deve essere effettivamente eseguibile da un esecutore, che cioè deve poter riconoscere le parti minime della descrizione dell'algoritmo stesso e *accettare* il linguaggio in cui è espresso; le locuzioni di questo linguaggio rappresentano le *istruzioni*.

❖ *Finitezza di espressione.* Un algoritmo è una *successione finita* di istruzioni da eseguire.

❖ *Finitezza di calcolo.* Nel concetto di algoritmo è inclusa la condizione di terminazione della procedura per qualsiasi situazione dei dati iniziali all'interno di un certo dominio.

❖ *Determinismo.* Ad ogni passaggio nell'esecuzione della procedura, deve essere definita una e una sola operazione.

La principale peculiarità di un algoritmo, inoltre, è quella di essere caratterizzato da due elementi all'apparenza in antitesi: da un lato, l'algoritmo procede a teorizzare e caratterizzare in modo *astratto* il procedimento di calcolo, dall'altro, cerca di *precisare* il concetto di operazione *effettiva*.

Lo sviluppo e l'applicazione di algoritmi è notevolmente cresciuto grazie alla sempre maggiore "disponibilità" informatica. Dalla metà degli anni '80, infatti, le *tecniche algoritmiche* hanno subito notevoli evoluzioni sotto diversi aspetti in virtù di una migliore utilizzazione delle crescenti possibilità offerte dai moderni mezzi di elaborazione (in particolare sfruttando in modo adeguato le possibilità di parallelismo, attraverso l'esecuzione simultanea di operazioni analoghe, e attraverso l'uso di opportune reti di elementi di elaborazione, come le reti neurali).

L'avvento dell'Intelligenza Artificiale (AI), senza alcun dubbio, ne favorirà un ulteriore, esponenziale incremento, anche alla luce delle svariate possibilità derivanti dal "machine learning", che consente all'algoritmo, non solo un'evoluzione in termini di "affinamento", teso ad una maggiore accuratezza, ma persino in processi di *self-correcting* in grado di migliorare i modelli di partenza e correggere, in maniera autonoma, errori di computazione e calcolo.

Nell'ambito della prevenzione infortuni sul lavoro, esistono già svariati algoritmi "validati" che consentono di effettuare efficaci valutazioni su rischi specifici. Citiamo:

- **PARSI-FIRE** e **CP-Win** per il rischio incendio;
- **MoVaRisCh, Al.Pi.Ris.Ch** e **ChEopE** per il rischio chimico;
- **OCRA, NIOSH, Snook-Ciriello** per il rischio da movimentazione manuale dei carichi;
- La **Metodologia INAIL 2011** e s.s. per la valutazione dello stress lavoro correlato;
- **BioRisch** per il rischio biologico;

Una proposta di modello matematico

Da tutte le considerazioni propost nei paragrafi precedenti ci sembra possibile fare una rivalutazione della citata "formuletta" classica sulla valutazione del rischio (R=P x D), immaginandola come una *funzione* matematica dei tanti parametri sui quali abbiamo voluto porre la nostra attenzione:

$$R = PxD = f\{t_{exp}, p_{exp}, qp_{exp}, L_{exp}, C_{lav}, R_{int}, R_{corr}, F_{extra}\}$$

Dove:

- t_{exp} sono i tempi di esposizione dei lavoratori;
- p_{exp} rappresenta il numero complessivo dei lavoratori esposti;
- qp_{exp} rappresenta la 'qualità' (in temini di formazione, addestramento e consapevolezza) dei lavoratori esposti;
- L_{exp} rappresenta un fattore che tiene conto delle specificità morfologiche del luogo di lavoro;
- C_{lav} fattore che tiene conto delle condizioni operative e di lavoro;

- R_{int} parametro riferito ai rischi interferenziali eventualmente presenti;
- R_{corr} variabile sui vari rischi correlati al lavoro in quota;
- F_{extra} parametro che serve a tener conto di fattori aggiuntivi e derivanti dall'organizzazione aziendale.

Ciascuna delle variabili contemplate in questa prima disamina, inoltre, è, a sua volta, "scorporabile" secondo gli altri parametri di cui occorre necessariamente tener conto, specie se si ha la necessità di raffrontare due o più modalità lavorative che, pur presentando lo stesso rischio deliberato (la caduta dall'alto), sono profondamente differenti a livello esecutivo.

Nel seguito, dunque, cercheremo di esplicitare come ognuno di questi parametri possa essere 'scisso' in altre sotto-variabili, così da considerarne anche gli aspetti che spesso si occultano dietro stime di carattere più generale ma che poi non consentono di valutare correttamente il rischio da lavorazioni svolte in quota.

Disamina delle variabili

Una volta "immaginata" la nostra *funzione*, occorrerà, ovviamente, assegnare un "peso" specifico a ciascuna di queste variabili (ed eventuali sotto-variabili). Questi "pesi", in maniera opportunamente irreprensibile, dovranno riflettere la reale incidenza di ciascuna voce sul rischio complessivo e dunque (a parità di "danno") sulla "probabilità" di un accadimento infortunistico.

Fatte queste operazioni, sarà necessario affidare, a ciascuna variabile, una "scala" di gravità nella quale il valore più basso o è nullo oppure coincide con la minore valutazione in termini di rischi, mentre il valore massimo è rappresentativo della situazione eventualmente più "gravosa".

Sarebbe opportuno, ovviamente, che questa "scala di valutazione" fosse identica per ciascuno dei parametri considerati che, invece, come già detto, avranno ognuno un peso differente in funzione della loro incidenza relativa sul rischio complessivo (p.e. da 0 a 5 o da 0 a 10).

T_{exp} – i tempi di esposizione

*In generale, la variabile proposta rappresenta il **tempo di esposizione** ad un determinato pericolo. È un valore che, ad onor del vero, viene preso in considerazione abbastanza spesso, anche se con alcune criticità. Per esempio, quando si parla di esposizione a rischio chimico, biologico o rumore, è prassi considerare il tempo "diretto" di esposizione e cioè, il tempo in cui si entra in contatto con quella della sostanza o quel prodotto o con l'apparecchiatura che si utilizza, trascurando le "esposizioni indirette" (p.e. delle postazioni vicine) che possono prolungarsi anche per tempi superiori. Talvolta, ancora, ci si concentra su determinate attività piuttosto che altre: è il caso del "lavoro in quota", il cui tempo di esposizione viene spesso misurato a ponteggio installato, quando, invece, l'esposizione più sensibile si ha proprio nella fase di allestimento (o smontaggio). Medesima problematica può riscontrarsi con i tempi di allestimento degli ancoraggi per i sistemi a fune o per lo stazionamento e sollevamento in quota delle PLE.*

Occorre dunque tenere conto sia dei tempi di esposizione "indiretti" che di quelli "diretti", nonché, eventualmente, di quegli intervalli temporali in cui il sistema viene impiegato da altri.

> **t**expind

Il **tempo di esposizione indiretto** dei lavoratori considera tutte le esposizioni al rischio **non direttamente correlate** con la vera e propria attività "produttiva" (la lavorazione per cui viene richiesto il sistema d'accesso in quota).

*Nel caso di un **ponteggio** rappresenta, principalmente, i **tempi di allestimento e disallestimento** dello stesso ma deve tener conto anche dei tempi "morti" di utilizzo quali, ad esempio, i momenti in cui i lavoratori transitano sul ponteggio e trasportano materiali.*

*Nel caso di una **piattaforma elevabile** rappresenta il **tempo necessario al "posizionamento" della piattaforma**, sia in orizzontale (manovre), che in verticale sino alla posizione di stazionamento.*

*Nel caso di lavori **con funi** rappresenta, essenzialmente, **il tempo di realizzazione*** *e/o verifica dell'ancoraggio* ed il suo collegamento con i dispositivi di protezione.

In tutti i casi, occorre tenere conto dei tempi "complessivi" di ciascuna attività, con particolare riferimento ai casi in cui determinate operazioni vanno ripetute più volte.

> **t**expdir

Il **tempo di esposizione diretto** tiene in considerazione tutte le esposizioni al rischio direttamente correlate con la vera e propria attività "produttiva" (la lavorazione per cui viene richiesto il sistema d'accesso in quota) e riguarda il totale delle attività svolte mediante l'utilizzo del sistema prescelto.

> **t**expest

Il **tempo di esposizione "esterno"** è il tempo in cui il sistema di accesso viene utilizzato da altre imprese diverse da quelle che lo hanno realizzato o installato o posizionato.

È una circostanza praticamente 'nulla' per i lavori su fune (e dunque coincide con la sotto-variabile precedente), rara (ma comunque riscontrabile) nell'impiego delle piattaforme elevabili, estremamente comune con i ponteggi, i quali sono, molto frequentemente, usati da imprese differenti da quelle che lo hanno installato.

P_{exp} – le "persone" esposte

*Rappresenta la **quantità di "personale" (operatori) esposto** al rischio. È un valore scarsamente considerato nel corso delle Valutazioni ma incide notevolmente sull'incidenza globale dei rischi.*

Anche in questo caso, occorre fare una distinzione tra operatori 'diretti' (coloro che predispongono il sistema d'accesso) e operatori 'indiretti' (quelli che utilizzano il sistema).

> P_{exp}dir
>
> Il **personale direttamente esposto** perché incaricato dell'allestimento/predisposizione del sistema di accesso e della sua rimozione finale.
>
> *Nel caso di un **ponteggio** coincidono con i componenti della squadra (di almeno 3 elementi, secondo la norma) che monta/smonta il ponteggio. Come già detto, questi operatori sono spesso differenti da quelli che provvederanno alle lavorazioni o che utilizzeranno il ponteggio come "via" di*

accesso e transito in quota. In questi casi, può assumere un valore anche molto alto, per via delle numerose imprese che possono alternarsi.

*Nel caso di **piattaforme elevabili** o (il pù delle volte) di **sistemi in sospensione su fune** rappresenta anche il tempo impiegato per le lavorazioni, in quanto svolto generalmente dagli stessi operatori.*

> **P**expest

Il **personale 'esterno' esposto** è quello incaricato di svolgere le lavorazioni ed utilizza il ponteggio essenzialmente come un'attrezzatura, come via d'accesso e, spesso, ne modifica parzialmente l'assetto.

*Nel caso di un **ponteggio** occorre tenere conto della sommatoria di tutte le imprese e, dunque, di tutti i lavoratori che utilizzeranno il ponteggio come un'attrezzatura, una via d'accesso e, come spesso accade, ne modificheranno parzialmente l'assetto.*

*Nel caso di **piattaforme elevabili** o di **sistemi in sospensione su fune** è generalmente 'nullo', perché già 'integrato' (e dunque, valutato) nel precedente parametro.*

qpexp – la qualità del personale

*Rappresenta la **'qualità' del "personale" (operatori) esposto** al rischio, in temini di formazione, addestramento e consapevolezza del rischio specifico e di quelli correlati. È un valore, talvolta sottovalutato, ma molto influente sulle variabili infortunistiche, perché fortemente legato appunto, alla qualità della formazione ricevuta dai lavoratori, al loro addestramento e alla consapevolezza che si instaura mediante l'informazione sui rischi.*

Ancora una volta, occorre distinguere tra operatori 'diretti' (che predispongono il sistema d'accesso e, dunque, conoscono direttamente i rischi legati all'attrezzatura) e operatori 'indiretti' (che utilizzano il sistema ma che, troppo spesso, non hanno formazione specifica ed anzi, si limitano alla formazione "base" per l'edilizia).

> **qp**expdir

Il **personale direttamente esposto** perché incaricato dell'allestimento/predisposizione del sistema di accesso e della sua rimozione finale deve, ovviamente, possedere una formazione calibrata che includa anche l'addestramento e il successivo aggiornamento il quale, purtroppo, stante le determinazioni delle attuali norme, hanno una periodicità (a giudizio dello scrivente) eccessivamente distanziata nel tempo.

*Per tutti i sistemi presi in considerazione (**ponteggio, piattaforme elevabili** e **sistemi in sospensione su fune**) la norma stabilisce specifici percorsi formativi che comprendono anche attività di addestramento. Stante la particolare natura dell'attività, comunque, sarebbe auspicabile tendere ad una sorta di "formazione continua", abbreviando le tempistiche e le modalità di aggiornamento periodico.*

> **qpexpest**

Il **personale 'esterno' esposto**, come più volte accennato, è spesso appartenente ad imprese diverse da quelle che hanno allestito il sistema d'accesso in quota e, pertanto, non posseggono formazione specifica che gli consenta di avere piena consapevolezza dei rischi collegati ad un eventuale uso scorretto dell'attrezzatura stessa.

Nel caso di un **ponteggio** *occorre tenere conto di tutte le imprese e tutti i lavoratori che utilizzeranno il ponteggio come un'attrezzatura, una via d'accesso e, come spesso accade, ne modificheranno parzialmente l'assetto. Purtroppo, la maggior parte dei lavoratori in questione hanno effettuato solo i corsi 'base' per l'edilizia e l'attuale formazione prevista per il preposto fornisce scarsi elementi sulle lavorazioni svolte in quota.*

Nel caso di **piattaforme elevabili** *o di* **sistemi in sospensione su fune** *il parametro può considerarsi 'nullo', perché già 'integrato' (e dunque, calcolato) nel precedente.*

L_{exp} – il "luogo" di esposizione

*Rappresenta, in generale, le **condizioni del luogo di lavoro** le quali, non solo influenzeranno le lavorazioni che vi si devono svolgere ma, prima ancora, dovrebbero influire sulla scelta (proprio attraverso la Valutazione del Rischio) del sistema più sicuro e idoneo all'attività.*

Il parametro può essere scisso in numerose ulteriori variabili, quali, ad esempio:

> **M$_{fab}$**

La complessità morfologica del fabbricato oggetto dell'intervento, che può essere diversa in base al tipo di sistema utilizzato e che può, in generale, anche indurre a valutare scelte di sistemi "misti". Ovviamente, un fabbricato morfologicamente "semplice" (p.e. un "parallelepipedo" con sporgenze minime e copertura piana) può presentare una differente valutazione in base al sistema adottato, così come potrebbe accadere, per ragioni diverse ed ovviamente opposte, anche per un fabbricato "complesso" o un monumento;

> M_{ter}

La morfologia del terreno su cui sorge il fabbricato (*pendenze, discontinuità, asperità, consistenza, larghezza dell'area o delle strade adiacenti, etc.*). Anche in questo caso, il giudizio potrà (e dovrà) presentarsi differentemente, a seconda del sistema su cui si vorrà proporre la valutazione, in quanto avrà maggior rilevanza per il ponteggio e la PLE e minore per i sistemi su fune.

Clav – le condizioni di lavoro

*Fattore che tiene conto delle **condizioni di lavoro** del personale coinvolto, esaminando elementi che, troppo spesso, vengono trascurati o sottovalutati dalle specifiche valutazioni ma che incidono fortemente sul rischio.*

> **Q**attr

La **qualità dell'attrezzatura utilizzata per l'accesso in quota.** La variabile deve considerare la tipologia, le dimensioni, la trasportabilità e, specialmente, le condizioni di usura dei sistemi di accesso in quota nonché gli eventuali obblighi progettuali.

*Nel caso dei **ponteggi** avviene, troppo frequentemente, che vengano utilizzati elementi in pessime condizioni di usura o appartenenti a costruttori diversi. Si crea così un'illusione di sicurezza che potrebbe poi non corrispondere alla reale stabilità, solidità e stabilità dell'opera provvisionale.*

*Anche nel caso di **piattaforme elevabili** o di **sistemi in sospensione su fune** occorre sempre rilevare le condizioni di usura e il rispetto delle manutenzioni programmate (e non) dell'attrezzatura.*

Il parametro potrà tenere conto anche delle "ispezioni visive" che i preposti dovrebbero effettuare su ancoraggi, protezioni, dpi o corretto utilizzo delle attrezzature.

> **M**et

Le **condizioni meteorologiche** con le quali vengono svolte le lavorazioni. È evidente che situazioni di forte vento, neve o pioggia possono influenzare il sicuro svolgimento dell'attività e possono "favorire" l'utilizzo di un sistema rispetto ad un altro. Questa variabile è una di quelle più sottovalutate nelle specifiche valutazioni. Accade spesso, infatti, che una determinata attività viene pianificata "in sicurezza" (con il POS o nel PSC) durante una determinata stagione o periodo dell'anno e poi, per svariate ragioni, la stessa attività 'slitta' notevolmente in avanti nel tempo, senza però considerare gli effetti che le condizioni meteo possono generare in termini di rischi e, dunque, senza modificare i termini di utilizzo dei sistemi di accesso in quota.

È evidente che la variabile è particolarmente "sensibile" proprio anche alla "quota" alla quale vengono svolte le lavorazioni.

R_{int} – il rischio interferenziale

*rappresenta l'aggravio che può derivare dai **rischi interferenziali**, nella sua eccezione più ampia (cfr. Appendice). Sebbene gli stessi debbano essere specifico oggetto di valutazione nel Piano di Sicurezza e Coordinamento, vengono sovente sottostimati, specie quando si affronta il lavoro in quota.*

Occorre distinguere tra differenti tipologie di rischio da interferenza:

> ## I_{cont}
>
> Le **interferenze dovute all'uso comune, contemporaneo e non, della stessa attrezzatura.** Il rischio deriva, non soltanto dalla contemporanea presenza di operatori di imprese differenti che possono dunque intralciarsi ma, anche, da eventuali modifiche effettuate sull'attrezzatura in tempi differenti.
>
> *È una circostanza praticamente 'nulla' per i lavori su fune, rara nell'impiego delle piattaforme elevabili, estremamente comune*

con i ponteggi, i quali sono, molto frequentemente, usati da imprese differenti da quelle che lo hanno installato.

> ## U_{loc}

La posizione del fabbricato con riferimento ad eventuali potenziali interferenze (*zone urbane, centrali, rurali, isolate, etc.*) derivanti dalla presenza di manufatti, alberi, linee elettriche ed anche "non addetti ai lavori".

> ## A_{lav}

La presenza di "interferenze" con altri cantieri, edifici a particolare tutela o per i quali sono necessari interventi distanziati nel tempo, etc.

Le statistiche ci dicono, purtroppo, che lavori prolungati eccessivamente nel tempo inducono un calo dell'attenzione alla prevenzione infortuni.

R_{corr} – i rischi correlati

*Rappresentano i c.d. **rischi correlati**. Quando si parla di lavoro in quota si tende a considerare il solo rischio di 'caduta dall'alto' dall'apprestamento o dall'attrezzatura quando, invece, le numerose statistiche ci dicono che molti infortuni, normalmente rubricati come 'lavori in quota' avvengono per molte altre ragioni.*

Occorre dunque considerare un parametro incrementale (*si suggerisce un coefficiente moltiplicativo di alcune altre variabili*) che tenga conto degli *altri rischi* collegati all'utilizzo di ogni sistema di accesso in quota.

Tanto per citare qualche esempio, nei lavori svolti con **sistema a funi** accade in maniera rarissima che l'infortunio si verifichi per la *rottura delle funi,* ed invece, quando accade, è dovuto ad *urti* con parti del fabbricato o alla c.d. *sospensione inerte.*

Utilizzando il **ponteggio**, la caduta da un'apertura sul vuoto è più rara rispetto al cedimento strutturale dovuto, purtroppo, allo scarso numero degli ancoraggi.

Molto rara è anche la caduta "libera" da una **piattaforma elevabile**, mentre, purtroppo, è più frequente il ribaltamento del mezzo, specie durante le fasi di sollevamento/abbassamento.

Per le ragioni descritte, appare più che opportuno, per una compiuta valutazione del rischio derivante dai lavori in quota, considerare anche i seguenti aspetti, troppo spesso trascurati:

> *cedimento strutturale* (ponteggio, piattaforma elevabile, ancoraggi fune)

> *sfondamento* (ponteggio)

> *urto* (ponteggio, piattaforma elevabile, fune)

> *inciampo* (ponteggio)

> *sospensione inerte* (fune)

> *ribaltamento* (piattaforma elevabile)

> *investimento* (piattaforma elevabile)

F_{extra} – gli altri fattori

*Rappresentano gli **altri fattori** che possono comunque avere influenza sull'accadimento infortunistico, sebbene il loro "peso" sia ovviamente sensibilmente inferiore ad altre variabili già prese in considerazione.*

> ### F_{slc}

Sono le risultanze della valutazione da **Stress Lavoro-correlato.** Nell'Accordo quadro europeo del 2004, lo stress lavoro-correlato (Slc) venne definito come *"una condizione che può essere accompagnata da disturbi o disfunzioni di natura fisica, psicologica o sociale ed è conseguenza del fatto che taluni individui non si sentono in grado di corrispondere alle richieste o alle aspettative riposte in loro".*

Le conseguenze dello stress da lavoro possono dunque influenzare negativamente la "risposta" del lavoratore, in termini di concentrazione e attenzione sulle attività svolte. Non è sbagliato, dunque considerare, sebbene con un peso limitato, le condizioni rilevate da questa valutazione specifica.

➢ N_m

Rappresentano le risultanze dei c.d. **Near-miss**. Nell'ambito prevenzionistico, i near-miss sono considerati come veri e propri precursori dell'infortunio, perché sono l'indicatore-spia di un "malfunzionamento" nel sistema di tutela. Fungono da avvertimento, fornendo il segnale che esistono pericoli ancora "occulti" o rischi che probabilmente sono stati sottovalutati; i near-miss, nella gerarchia del rischio, non sono molto distanti dall'infortunio stesso e l'eventuale "sconfinamento" al/i livello/i superiore/i diviene particolarmente probabile.

Il "fattore near-miss" è, purtroppo, quasi completamente trascurato e non ne viene quasi mai considerata la funzione di "sentinella". Le persone coinvolte in questi "quasi-infortuni", infatti, si ritengono "fortunate" per il fatto di non aver sùbito alcun danno, sottovalutando il "potenziale" ancora inespresso dell'accaduto. In altri casi, i lavoratori non si rendono nemmeno perfettamente conto dell'avvenimento o, altre volte, hanno timore a denunciarlo per paura di provvedimenti nei loro confronti o, più semplicemente, per non apparire esageratamente timorosi. Di conseguenza, i near-miss passano per lo più inosservati e i pericoli (che hanno il potenziale di causare danni) non vengono tempestivamente affrontati, restando presenti in maniera subdola. Eppure, come detto, il near-miss può rappresentare un ottimo elemento di analisi dei rischi potenziali in quanto la numerosità di questi eventi può evidenziare la presenza di un pericolo occulto, così come la parte sommersa di un iceberg che, facendo emergere una sua piccola porzione in superficie, lo rende visibile e, dunque, evitabile (c.d. *Modello Iceberg*).

Per una efficace interpretazione e utilizzo dei near-miss, però, è fondamentale istruire i lavoratori su come identificarli e segnalarli. Questa formazione dovrebbe, prima di tutto, fornire loro le competenze e le conoscenze di cui necessitano per identificare pericoli e rischi collegati alle attività lavorative e consentire ai lavoratori di riconoscere la potenziale gravità di un mancato incidente, così da comprendere l'importanza di segnalarlo.

Inserire i near-miss all'interno di un algoritmo di valutazione del rischio potrebbe sortire il doppio effetto di prestare maggiore attenzione a queste rilevazioni, da un lato, e di "premiare" le imprese che ne riconoscono l'importanza, dall'altro.

> **E$_n$**

Rappresenta la valutazione dell'**Ergonomia** del sistema d'accesso utilizzato. L'ergonomia, in generale, è la scienza che si occupa di ottimizzare le interazioni sul posto di lavoro tra uomo, macchine e ambiente, cercando di minimizzare i rischi psicofisici per il lavoratore.

L'ampia letteratura internazionale sull'argomento dimostra che uno scarso livello ergonomico del "posto" di lavoro produce stress negativo (*di-stress*) contribuendo così, in maniera significativa, al calo della concentrazione. Ciascuna dei sistemi di accesso presi in considerazione nella presente trattazione possiedono ampi margini di miglioramento ergonomico e, dunque, si è ritenuto opportuno proporlo come variabile di valutazione.

> **E$_m$**

Con questa sotto-variabile si è voluto dar risalto anche all'esistenza di specifiche **Procedure di Emergenza**. I corsi di formazione, purtroppo, si limitano spesso a fornire *nozioni di base* su come intervenire in casi di emergenza, diversificandone poco o nulla le circostanze in cui queste situazioni possano verificarsi e senza riuscire ad ottenere un feedback sulla reale "reattività" del discente.

Inserire la "diversificazione" delle Procedure di Emergenza e l'esistenza di specifici addestramenti all'interno di un algoritmo di valutazione del rischio potrebbe sortire il doppio effetto di prestarvi maggiore attenzione, da un lato, e di "premiare" le imprese che ne riconoscono la valenza, dall'altro.

Peso delle variabili e scala di valutazione

Come dovrebbe apparire abbastanza chiaro, lo scopo di questa trattazione è quello di *suggerire* al futuro "valutatore" un 'Modello' sul quale basare la propria valutazione (finalmente) 'quantitativa' dei rischi legati alle lavorazioni svolte in quota.

Per questa ragione, chi scrive – pur avendo, in proprio, sviluppato un algoritmo soddisfacente – lascerà *libero* il lettore di proporre e predisporre i propri "pesi ponderati" a ciascuna delle variabili suggerite.

Per orientarsi in questa ricerca, il valutatore, oltre a potersi (e doversi) confrontare con le molteplici e omnicomprensive rilevazioni statistiche riferite all'argomento, dovrà agire con irreprensibile "trasparenza", accettando il fatto che ciascuno dei sistemi esaminati nel testo (ponteggio, PLE, sistemi a fune) posseggono pregi e difetti che ne possono influenzare la "famosa" priorità di scelta.

Ciascuna di queste variabili (che, come detto, deve essere opportunamente "pesata") dovrà poi essere moltiplicata per la pertinente *valutazione di incidenza* del sistema scelto e dunque diviene necessario stabilire apriori una **"scala" di gravità** nella quale il valore più basso è pari a zero oppure coincide con la minore valutazione in termini di rischi, mentre il valore massimo è rappresentativo della situazione eventualmente più "gravosa".

È opportuno che questa "scala di valutazione" sia identica per ciascuno dei parametri considerati, così da rendere *omogenea* la loro incidenza relativa sul rischio complessivo.

Tanto per esemplificare, riferendoci al parametro "Persone Esposte", si potrebbe assegnare il valore minimo al range "da 0 a 3 lavoratori" ed il valore massimo al range "oltre 10 lavoratori" (situazione che si verifica facilmente in caso di presenza di più imprese che usano il sistema d'accesso). Questo valore deve poi essere moltiplicato con il "peso" di P_{exp}, ottenendo la specifica "aliquota" di rischio, secondo il computo di seguito schematizzato:

$$aR = pV \times v_r$$

in cui:

aR è l'aliquota di rischio per la variabile valutata

pV è il "peso" assegnato alla variabile

v_r è il valore di range assegnato

Il 'risultato' di rischio: esito della valutazione

Effettuato, per ciascuna variabile, il calcolo della rispettiva aliquota di rischio mediante la formula

$$aR = pV \times v_r$$

è possibile ottenere il valore di rischio complessivo, come sommatoria delle singole aliquote ottenute:

$$R_{tot} = \sum aR = \sum (pV \times v_r)$$

La sommatoria è "validata" dal fatto che a ciascuna delle variabili è stato assegnato un peso "ponderato" (sul quale il valutatore potrà scegliere la "base" più opportuna).

Il tutto è riassumibile anche attraverso la seguente flow chart:

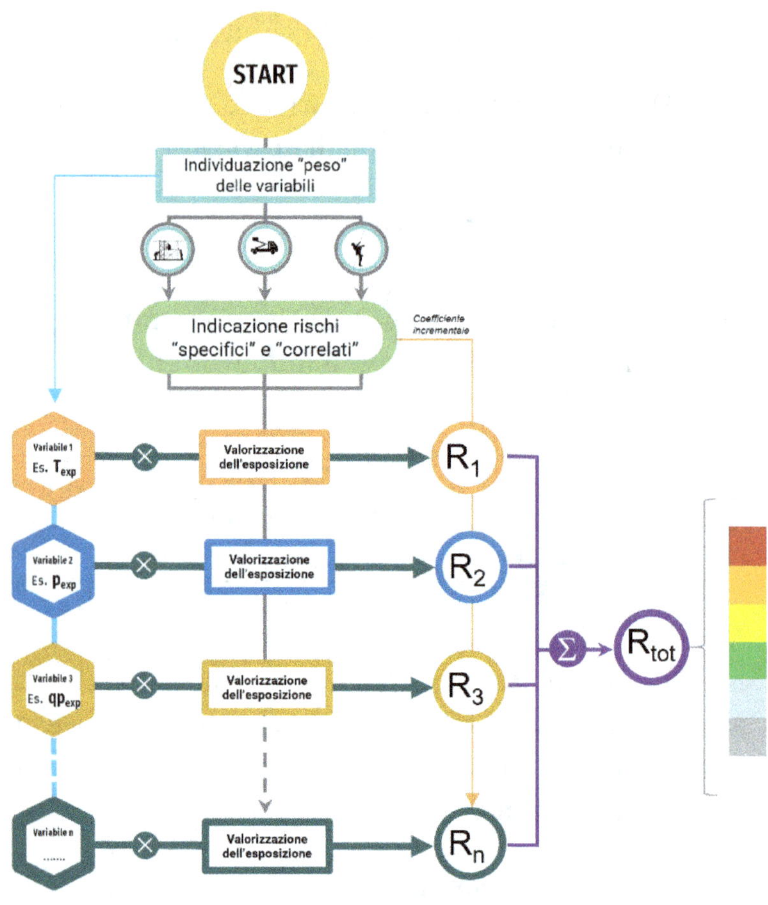

L'ultimo passo da fare è quello di scegliere le varie graduazioni di "accettabilità" del rischio totale, suddividendo il range complessivo in "fasce" di rischio.

Il rispetto della filosofia prevenzionistica vuole che, se le fasce "intermedie" hanno più o meno un medesimo 'range d'operatività', le fasce più *alte* siano, cautelativamente, più *ampie* e la fascia più *bassa* sia più *ridotta* rispetto alle altre.

Se, per esempio, abbiamo un range complessivo che va da 0 a 15, è possibile ipotizzare una suddivisione come segue:

	R_{tot}					
Fascia	I	II	III	IV	V	VI
Range	R<2	2 ≤R<4	4≤R<7	7≤R<9	9≤R<12	R≥12

A ciascuna di queste fasce (*colorate* a seconda della "prossimità" con le maggiori aree di rischio), occorre poi assegnare una **"codifica" di accettabilità** alla quale, ovviamente, deve poter corrispondere una opportuna azione prevenzionistica.

Seguendo quelle che sono le prassi utilizzate nella "matrice di Rischio" e, molto frequentemente, da noti algoritmi sulla valutazione di rischi specifici, suggeriamo la seguente codifica:

IRRILEVANTE

Il Rischio è ridotto ed è improbabile che possa verificarsi un incidente di sensibile "magnitudo". L'attività può essere svolta, nel rispetto delle norme, senza ulteriori interventi.

ACCETTABILE

Il Rischio esiste ma rientra nei limiti dell'accettabilità, in quanto o le probabilità di accadimento di un incidente sono ridotte o l'eventuale entità del danno è minima. L'attività può essere svolta, nel rispetto delle norme, monitorandola per evitare che il rischio possa aumentare.

MEDIOBASSO

Il Rischio esiste ed è superiore al livello di accettabilità. L'attività può, comunque, essere svolta mediante un'attenta e consapevole pianificazione e verifica della stessa, anche per evitare che il rischio possa aumentare, sconfinando nella fascia superiore.

MEDIO

Il Rischio esiste ed è sensibilmente superiore al livello di accettabilità. L'attività può svolgersi con l'incremento di azioni di monitoraggio e contenimento. Occorre assolutamente evitare che il rischio possa aumentare, sconfinando nella fascia superiore. È necessario, ancora, pianificare, a breve termine, alternative (*Programma di miglioramento*[2]).

RILEVANTE

Il Rischio è elevato perché lo sono le probabilità di accadimento e/o l'eventuale entità del danno è alta. Occorre verificare la possibilità di rimodulare l'intervento in altri termini. Se necessario, l'attività può svolgersi solo a seguito dell'incremento di azioni di monitoraggio e contenimento. È comunque urgente pianificare alternative (*Programma di miglioramento*).

---

[2] Il Programma di miglioramento è parte integrante del Documento di Valutazione del Rischio ed è definito all'art. 28, co.2, lett.c) del Testo Unico Sicurezza sul Lavoro come "il programma delle misure ritenute opportune per garantire il miglioramento nel tempo dei livelli di sicurezza".

Il Rischio è troppo elevato per poter essere accettato, in quanto le probabilità di accadimento sono alte e l'eventuale entità del danno è non ammissibile. L'attività non può essere svolta nei modi previsti e deve essere rimodulata (*principio di sostituzione*[3]).

Di seguito, riportiamo un esempio di risultato finale di confronto tra due differenti sistemi in una specifica situazione (range di valutazione da 0 a 12):

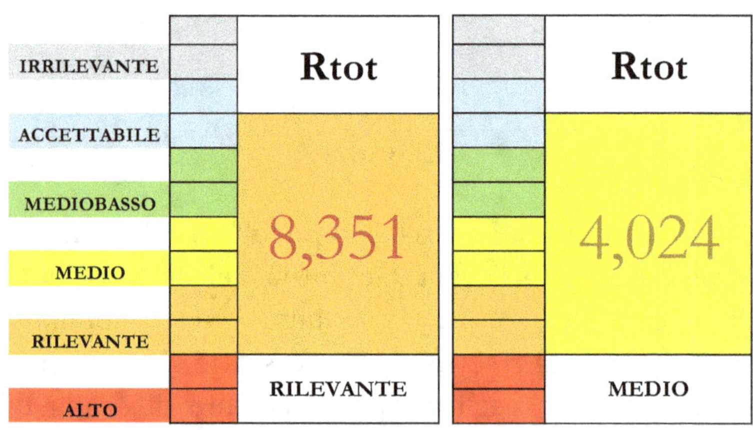

~

---

[3] Sostituzione di ciò che è dannoso con ciò che non lo è o lo è meno

Conclusioni

Implementando l'algoritmo, dunque, sarà agevolmente possibile verificare l'**accettabilità** di ogni intervento svolto con uno specifico *sistema di accesso in quota* ed anzi, sarà anche possibile utilizzarlo come un ***comparatore*** "in parallelo" sull'efficacia prevenzionistica di un sistema rispetto agli altri due.

Aggiungiamo che, non appena l'algoritmo viene implementato ed *informatizzato*, operando e permutando i vari valori assegnati ad ogni valutazione, sarà possibile, per l'operatore, capire quali elementi e quali variabili *tendono* a rendere il Rischio maggiormente gravoso, ottenendo, in questo modo, un semplice ma evidente risultato di ***feed-back*** sulle attività o circostanze che rendono più rischioso l'operato dei propri lavoratori e agevolando, di conseguenza, la realizzazione di un vero *programma di miglioramento aziendale*.

Come è facile intuire, chi vi scrive, oltre ad aver "teorizzato" il modello, ne ha implementato una versione "beta" che attualmente utilizza nel corso delle verifiche facenti parte della professione che esercita, con risultati di riscontro più che soddisfacenti.

Dunque, con la certezza di aver ispirato la curiosità e lo spirito di innovazione del lettore di questa breve trattazione, la quale ha visto la sua "ouverture" con un aforisma di Galilei, ci pare opportuno concludere con la citazione di un altro genio assoluto:

““

La misura dell'intelligenza è data dalla capacità di cambiare quando è necessario.

(Albert Einstein)

Appendice

PERICOLO - Proprietà o qualità intrinseca di un determinato fattore avente il potenziale di causare danni.

RISCHIO - Probabilità di raggiungimento del livello potenziale di danno nelle condizioni di impiego o di esposizione ad un determinato fattore o agente oppure alla loro combinazione.

PROBABILITA' - La "misura" in cui un evento si ritiene possa concretizzarsi.

DANNO (MAGNITUDO) - Conseguenza negativa derivante dal concretizzarsi degli effetti di un pericolo. Lesione fisica o danno alla salute (UNI EN ISO 12100-1.

SALUTE - Stato di completo benessere fisico, mentale e sociale, non consistente solo in un'assenza di malattia o d'infermità.

SICUREZZA - Condizione che dà la percezione di essere esenti da pericoli, o che dà la possibilità di prevenire, eliminare o rendere meno gravi danni, rischi, difficoltà, evenienze spiacevoli e simili.

VALUTAZIONE DEL RISCHIO - Esame di tutti i rischi presenti in azienda, finalizzata a pianificare l'attuazione delle misure volte alla loro eliminazione o riduzione a livello accettabile.

MITIGAZIONE DEL RISCHIO - Processo di identificazione, valutazione e risposta ai rischi, al fine di ridurre al minimo il loro impatto.

RISCHI PER LA SALUTE – Compromissione dell'equilibrio biologico, malattie.

RISCHI PER LA SICUREZZA – Rischi di natura infortunistica, infortuni.

RISCHI TRASVERSALI – Rischi avente impatto sulla salute e sulla sicurezza, derivano dall'organizzazione del lavoro, da caratteristiche dell'ambiente lavorativo, etc.

PROCEDURE - complesso di operazioni, generalmente disposte in ordine cronologico, da svolgere per il raggiungimento di un determinato obiettivo.

MISURE PREVENTIVE - Accorgimenti e le disposizioni poste in essere per prevenire l'accadimento di un evento infortunistico. In genere sono misure di tipo strutturale o organizzativo.

MISURE PROTETTIVE - Accorgimenti, disposizioni, attrezzature e le risorse materiali utilizzate per proteggere l'operatore dal danno potenziale derivante dall'accadimento di un evento infortunistico. Si parla in genere di apprestamenti e di dispositivi di protezione collettiva ed individuale.

MISURE DI COORDINAMENTO - indicazioni, disposizioni, prescrizioni e/o procedure di carattere organizzativo che coinvolgono più soggetti con lo scopo di prevenire l'accadimento di un evento infortunistico.

APPRESTAMENTI - Secondo l'allegato XV del d.lgs. n.81/2008, sono le opere provvisionali necessarie ai fini della tutela della salute e della sicurezza dei lavoratori in cantiere.

DISPOSITIVI (MISURE) DI PROTEZIONE COLLETTIVA - Qualsiasi apprestamento, attrezzatura o misura destinata a proteggere contemporaneamente un insieme di lavoratori da uno o più rischi presenti nell'attività lavorativa, suscettibili di minacciarne la sicurezza o la salute durante il lavoro.

DISPOSITIVI DI PROTEZIONE INDIVIDUALE - Qualsiasi attrezzatura destinata ad essere indossata e tenuta dal lavoratore allo scopo di proteggerlo contro uno o più rischi presenti nell'attività lavorativa, suscettibili di minacciarne la sicurezza o la salute durante il lavoro, nonché ogni complemento o accessorio destinato a tale scopo.

Il rischio interferenziale

Il fattore di rischio specifico dell'ingegneria delle costruzioni è la *mutua interferenza* che si instaura tra i vari soggetti produttivi che partecipano alla realizzazione dell'opera; la conseguente corretta valutazione di questo rischio rappresenta dunque un elemento sostanziale della progettazione edilizia.

Uno degli errori più comuni commesso dai Coordinatori in fase di Esecuzione lavori (incaricati ex lege di valutare questo rischio) è quello di ritenere che l'interferenza si possa verificare solo quando due o più imprese operano *contemporaneamente* in cantiere.

Se il "problema" fosse solo la contemporaneità, non si ravviserebbe la necessità di nominare un Coordinatore.

Di seguito si riassumono le casistiche che possono creare interferenza e che, ovviamente, devono essere oggetto di specifica valutazione, laddove esistenti:

1) Rischi da compresenza di più imprese e/o lavoratori autonomi. È, appunto, il caso "classico". Ciascuna impresa avrà valutato (nel proprio Piano Operativo di Sicurezza) i "propri" rischi, mentre spetta al Coordinatore valutare eventuali rischi derivanti dall'interazione tra i diversi soggetti o, anche più semplicemente, dalla loro presenza contemporanea nello stesso cantiere;

2) Rischi "consequenziali". Anche se le imprese dovessero (utopisticamente) operare in giornate o periodi diversi, ciascuna di queste apporterebbe ai luoghi delle "modifiche" che, quasi certamente, non sono oggetto di valutazione rischi da parte dell'impresa successiva (si pensi, per esempio, alla rimozione di un parapetto da un ponteggio). Si tratta dunque di valutare le "conseguenze" di un susseguirsi di soggetti ed ovviamente è compito del Coordinatore;

3) Rischi "propri" ma interferenti. È il caso (il più trascurato dai CS) in cui la medesima impresa deve effettuare due o più lavorazioni in contemporanea (es. lavorazioni in copertura ed in facciata). Siamo davanti ad una sola impresa ma questa ha valutato i rischi delle proprie lavorazioni (nel POS) come se queste si svolgessero in momenti separati. Il fatto che si svolgano simultaneamente è un rischio che deve essere valutato dal CS;

4) Rischi da uso in comune di apprestamenti e attrezzature. Alcuni apprestamenti ed attrezzature sono spesso utilizzati da molti (o tutti) soggetti presenti in cantiere. La loro gestione "condivisa" non può certamente essere rinviata alle singole imprese ed è pertanto il CS che stabilisce procedure e prescrizioni idonee a mitigare il rischio interferenziale. Uno degli esempi più comune è l'utilizzo della gru (ma anche il ponteggio) da parte di due o più imprese: è evidente a chi spetti il "coordinamento".

Credits

- *Le statistiche riportate nel testo sono desunte dai dati Eurostat, per il decennio 2011-2021, prelevate dal sito Istat.it;*

- *Le statistiche si riferiscono ai paesi appartenenti all'UE, ad eccezione delle statistiche sui settori e sulle professioni più esposte del settore delle Costruzioni che sono state prelevate dal sito Inail e sono riferite all'anno 2021;*

- *Il dato sugli infortuni mortali per lavori in quota nell'anno 2022 è balzato dal 22% al 35%. Si è deciso di non tenerne conto, in quanto dato (speriamo) singolare;*

- *L'algoritmo è utilizzabile anche per le PLE con le quali è consentito anche lo "sbarco" in quota (omologate, dunque, anche come "ascensori"), pur rappresentando una sensibile minoranza rispetto alle PLE comunemente utilizzate;*

- *L'algoritmo proposto non ha tenuto conto della tecnica dei "ponteggi elevabili", in quanto marginalmente utilizzata, in Italia, rispetto alle tecniche prese in esame.*

L'autore

Danilo G.M. De Filippo, laureato in Ingegneria meccanica, è ispettore tecnico del lavoro, in servizio presso l'Ispettorato di Siena ed appartiene all'Albo dei formatori per l'Ispettorato Nazionale del Lavoro.

Da sempre impegnato nella materia della salute e sicurezza sui luoghi di lavoro, è stato anche insignito dell'Onorificenza di Cavaliere al Merito della Repubblica Italiana.

È anche autore di numerosi testi e pubblicazioni, oltre ad essere parte attiva nell'organizzazione di eventi per la più ampia diffusione della cultura per la prevenzione degli infortuni e delle malattie professionali.

Principali pubblicazioni:

- "La sicurezza nel cantiere – Raccolta e commento della Giurisprudenza" – Maggioli – 2012
- "Elaborato tecnico delle coperture" – Graphill – 2013
- Lavori in quota e cadute dall'alto" – Maggioli – 2013
- "Lavori in quota su funi" – Graphill – 2014
- "Manuale dell'impresa affidataria in cantiere" – CantierePro editore - 2014
- "Le nuove regole per il POS semplificato " – Maggioli – 2015
- "Le nuove regole per il PSC semplificato " – Maggioli – 2015

- "Guida all'utilizzo del lavoratore autonomo in cantiere" – CantierePro Editore – 2016
- "L'appalto e gli istituti attuabili dalle imprese nei lavori pubblici" – CantierePro editore e Provincia di Siena – 2022
- "Nuovo manuale del CSE nei cantieri edili" – Maggioli Editore – 2022
- "Il Manuale Smart della Sicurezza per i Cantieri Edili" – Maggioli – 2023
- "La Valutazione del Rischio per la SSL" – ottobre 2023
- "Linee guida per gli eventi temporanei"– Comune di Siena – di prossima pubblicazione
- "Gli errori più comuni sul DVR" (titolo provvisorio) – Maggioli – di prossima pubblicazione
- "L'ispezione su Salute e Sicurezza sul lavoro – Vademecum Operativo" – Fondazione D'Antona – di prossima pubblicazione

~

Danilo GM De Filippo – danilodefilippo@gmail.com